文苑天下

翡翠佑安

——翡翠的鉴赏与收藏

牟子尘　迟锐 ◎ 编著

测绘出版社

图书在版编目（CIP）数据

翡翠佑安：翡翠的鉴赏与收藏 / 牟子尘，迟锐编著. — 北京：
测绘出版社，2014.8
　（文玩天下）
　ISBN 978-7-5030-2032-2

　Ⅰ.①翡… Ⅱ.①牟… ②迟… Ⅲ.①翡翠－鉴赏－中国②翡
翠－收藏－中国 Ⅳ.① TS933.21 ② G894

　中国版本图书馆 CIP 数据核字（2014）第 123396 号

策　　划　赵　　强
责任编辑　赵　　强
执行编辑　王　　娜
责任印制　陈　　超
装帧设计　锋尚设计

出版发行	测绘出版社	电　话	010-83060872（发行部）
地　址	北京市西城区三里河路 50 号		010-68531609（门市部）
邮政编码	100045		010-68531160（编辑部）
电子信箱	smp@sinomaps.com	网　址	www.chinasmp.com
印　刷	廊坊 1206 印刷厂	经　销	各地新华书店
成品规格	140mm×210mm	印　张	4.25
字　数	75 千字	版　次	2014 年 8 月第 1 版
印　次	2014 年 8 月第 1 次印刷	定　价	38.00 元

书　　号　ISBN 978-7-5030-2032-2/J・43
本书如有印装质量问题，请与我社门市部联系调换。

序 言

　　它千姿百态，光怪陆离，包含着大千世界的无数种可能；它似透非透，欲语还休，朦胧地展示着东方之美；它朴实自然，精雕细刻，将人类的智慧和自然的馈赠巧妙结合。凝视间，那一片欣然如同阳春三月草长莺飞，朦胧中掩不住春意盎然，娇嫩的黄杨绿融化在莹润如冰般的质地间，水漾清新，灵秀欲滴。它是翡翠——中国玉文化的杰出代表。

　　绵延七千年的玉文化是中华民族的瑰宝，体现着中华民族文化的精髓，传承着中国数千年的文化。翡翠独特的含蓄朦胧，是传统文化的沉淀寄托。它灵动璀璨的质地中透露着深沉与厚重，却闪耀着夺目的光泽，这代表着一种新时代的民族特质。它用柔和而有生机的一抹绿，刚强而有内蕴的质地演绎着东方刚柔相济的生命力量，诠释了中华民族生生不息的民族精神。极品翡翠的强烈美感，常常使人在邂逅的瞬间便一见钟情，宛如体味重回混沌初开天地奇迹的感动。

　　翡翠的收藏多年来长久不衰，如今"翡翠热"已蔓延至全世界，翡翠作为最具有投资价值的玉石门类之一，吸引了越来越多收藏者的目光。它的独特特质和娇艳美丽，在方寸之间浓缩着文化，在点滴之间汇聚着财富。

翡翠产于缅甸北部的山岭之间，它的形成需要历经长达万年的孕育，同时还要经历无数种奇特的地质作用才可形成，存世珍奇稀少。缅甸将翡翠大体上分为三类：第一类是上品，被称为帝王玉。这类翡翠均为纯正浓艳的翠绿色，并且颜色均匀。透明度等其他指标也都很高，但产量极低；第二类被称为商业玉。这类翡翠颜色较杂，除绿色外还有紫、红、黄、黑、青、灰等，不仅颜色不一，浓淡不一，而且从透明、半透明到不透明的都有，其中绿色的差异也很大，优等的仅在浓淡和均匀程度上比第一类的差一点，但劣等的却要差许多，商业玉的产量也不多；第三类被称为普通玉。翡翠按质量的不同又被分为A、B、C、D四级。翡翠的鉴别多靠意会，难见定律。翡翠的色、水、种、底四要素常令人一头雾水，难以辨明。这使很多人虽然对翡翠爱不释手，但对翡翠收藏望而却步。

本书浓缩文玩天下多年的珠宝鉴赏和实践经验，为各位藏友的翡翠购买鉴别抛砖引玉，让大家可以真正的走进翡翠，领略翡翠文化的风情万种。

牟子尘

2014 年 3 月

目 录

第一章 | 说翡翠

第一节　翡翠名称的由来

翡翠在我国源远流长。"翡翠"一词最初是源于一种鸟的名字。《淮南子》一书曾经提到，秦始皇雄兵铁骑五十万南下，血战三年，征服了岭南各地。意在"越之犀角、象齿、翡翠、珠玑"。这里的翡翠指的不是玉石，而是翡翠鸟的羽毛，名曰"翠羽"，古书中也多有记载，翠羽在当时是作为一种名贵的装饰品出现的。同在汉代，这一名词亦见于《后汉书·西南夷列传》："哀牢……土地沃美，宜五谷、蚕桑。知染采文绣……出铜、铁、铅、锡、金银、光珠、琥珀、水晶、琉璃、蚌珠、孔雀、犀、象、猩猩……"

翡翠是古代生存在黔滇西南夷一带的一种鸟，鸟羽由红、绿两色混合，鸟羽正面视之为翠绿，侧视鸟的羽毛但见翡红。滇西哀牢人称翡翠鸟为"绿翠鸟"与"马翠鸟"。翡翠鸟不会捕鱼，平时活跃于河泽，飞居于林荫。一般这种鸟雄性主色为赤，谓之"翡"；雌性主色为绿、谓之"翠"。东汉许慎在《说文解字》一书中的解释为："翡，赤羽翠也；翠，青羽雀也。"历朝历代文人墨客的诗句中，经常出现有关翡翠的词句。如唐代大诗人杜甫《重过何氏五首》："落日平台上，春风啜茗时。石阑斜点笔，桐叶坐题诗。翡翠鸣衣桁，蜻蜓立钓丝。"明代大诗人文征明的诗《莲房翠禽明》中也写道："锦云零落楚江空，翡翠翎边夕照红。"

"翡翠"一词，古代除了作为鸟名被广泛使用外，更多的时候则是作为鲜艳颜色的代名词，即翡红与翠绿。到了清代，翡翠鸟的羽毛作为饰品进入了宫廷，因其色彩艳丽缤纷而深受嫔妃们的青睐。她们将其插在头上作为发饰，用羽之美宛如赤色羽毛的雄鸟和绿色羽毛的雌鸟，所以人们称这些来自缅甸的玉为翡翠，渐渐地这一名称在中国民间流传开来了。从此，"翡翠"这一名称也就由鸟名转为缅甸玉石的专用名称了。

翡翠牌一对

第二节　翡翠与玉的关系

从矿物的化学成分和物理性质区分，玉包括软玉和硬玉两种。我国的新疆和田玉属于软玉，而缅甸产的玉属于硬玉——也就是翡翠。

中国古代的玉只有软玉一种。直到明清时期，缅甸出产的硬玉才陆续传到中国。由于受到生产力的限制，原始人类往往没有能力将真玉和类似玉的矿区分开，在有文字记载的中国历史上，人们对于材料的认识在不同时期也是各有差异的。

在铁器时代之前，所谓的玉实际上只是蛇纹石，摩氏硬度仅为 4 ~ 4.5。铁器时代以后，以当时的铁器作为标准，才将和田玉（闪石类矿物）称之为玉，因为铁器的摩氏硬度为 5.5，而闪石类矿物的摩氏硬度是 6，铁器是刻不动的。

从出土的古玉和传世玉器的工艺质料鉴定结果来看，可以认为中国自古至今通称的玉，包括和田玉、蛇纹石和槽化石在内。辽宁岫岩县所产的岫玉属于蛇纹石，而河南南阳所产的南阳玉则属于槽化石；而蛇纹石和槽化石只是类似软玉的玉料。

目前，中国境内是不产硬玉（翡翠）的。据历史记载，有"翡翠产于云南永昌府"之说。因此，很多人都认为云南产翡翠。据考证，现今世界上最主要的翡翠产地——缅甸伊洛瓦底江支流乌龙江流域，在历史上曾隶属中国云南永昌府管辖。所

翡翠佑安 · 翡翠的鉴赏与收藏

以说"云南产翡翠"之说是有其历史渊源的。

从考古出土和宫廷珍藏的实物来看，从未发现明代以前有翡翠。八国联军从北京圆明园掠走的翡翠珍品和现在故宫博物院的翡翠藏品都是清代瑰宝，闻名于世的北京明十三陵之定陵，在发掘中也从未发现有随葬的翡翠制品，而在清代的墓葬中则屡见不鲜。因此，现在很多人认为属于硬玉的翡翠是从清代初期才从缅甸通过第二条丝绸之路进入中国的，而且起初翡翠还不被视为玉，价格也远逊于软玉。

满绿翡翠观音牌——白金镶嵌天然翡翠观音

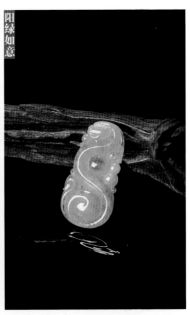

阳绿如意

随着翡翠大量进贡到朝廷后又传入民间，中国人对翡翠的了解、鉴赏程度也日益加深。据记载，清乾隆皇帝、慈禧太后均特别喜爱翡翠，而翡翠应用范围也日益广泛，这样才逐渐提高了缅甸翡翠的身价，美丽的翡翠成了玉中的宠儿。

　　据史料记述，清乾隆初年恢复了缅甸通道，进一步促进了两国玉文化和翡翠文化的交流。同时，中国的玉雕工艺技术也传入了缅甸。经历了三百多年，翡翠在中国民间也大为普及，而云南腾冲的翡翠雕琢业也兴旺起来，中国的翡翠文化也获得了蓬勃发展。

翡翠玻璃种满绿葫芦套装

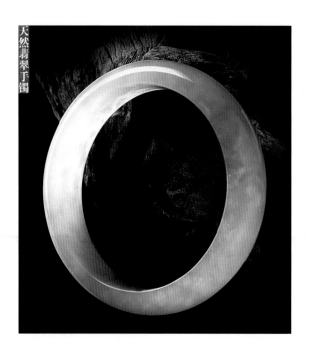

天然翡翠手镯

天然翡翠手镯

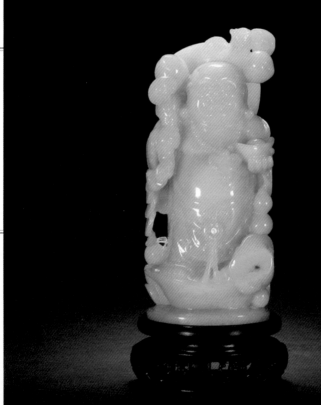

第二章 │ **识翡翠**

翡翠珠链

15

天然翡翠冰种飘花桃子

天然翡翠 18K 金玻璃福豆

第一节　翡翠的构成与特征

之前提到过，翡翠属于硬玉，但又不等于硬玉，硬玉是一种矿物学概念，翡翠的主要成分是以硬玉矿物为主，并伴有角闪石、钠长石、透辉石、磁铁矿和绿泥石等矿物的集合体，还含有一种以前认为只有月球上才能形成的钠（陨）铬辉石。不同质量的翡翠，其矿物含量存在差别。各家对翡翠与非翡翠间的硬玉含量界定说法不一，目前还是一个有待解决的问题。但不管今后的含量界定结果如何，可以肯定翡翠不等于硬玉。

天然翡翠三件

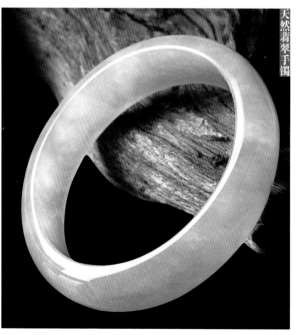

天然翡翠满绿 18K 金镶钻葫芦吊坠

天然翡翠 18K 金镶钻虬龙吊坠

和谐翡翠摆件

基于所含的主要矿物成分不同，翡翠还包括不同的品种：

1. 以硬玉为主的翡翠其矿物组成以硬玉矿物为主，含微量铬离子、铁离子等杂质，高档翡翠多属于此。

2. 以绿辉石为主的翡翠其矿物组成以绿辉石为主，因绿辉石中三价铁的含量较高，致使其呈现深绿色至墨绿色，因而这种翡翠颜色深，透明度差，工艺性较差。

3. 钠铬辉石翡翠，其矿物组成以钠铬辉石为主，次要矿物为硬玉、角闪石、钠长石和铬铁矿等。这种翡翠因三价铬离子含量较高，颜色呈翠绿色、深绿色和黑绿色，透明度差。

4. 闪石类翡翠，其成分是以硬玉为主的翡翠，经后期人为灼烧蚀变而成，由于受到含有钙、铁、镁热液的蚀变，部分硬玉矿物转变成阳起石或透闪石。

天然翡翠钟馗摆件

翡翠的基本特征

1. 成分特征

翡翠的主要组成矿物是以硬玉为主的辉石类矿物，次要组成矿物是闪石和长石类矿物，此外还有绿泥石、高岭石、蛇纹石、褐铁矿等蚀变次生风化矿物。

硬玉（钠铝辉石）的化学分子式为 $NaAl(SiO_3)_2$，阳离子钠离子、铝离子常被三价铬、二价铁、三价铁、四价钛离子、五价钒离子、二价锰、二价镁等过渡离子不等量类质同象代换，构成各种不同的颜色。

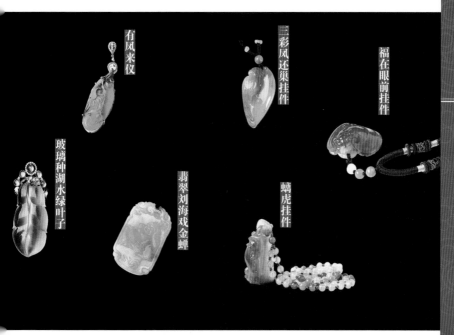

有凤来仪

三彩凤还巢挂件

福在眼前挂件

玻璃种湖水绿叶子

翡翠刘海戏金蟾

螭虎挂件

2．物理特征

（1）力学特征

① 解理：翡翠的主要矿物硬玉有两组完全解理。在翡翠表面上表现为星点状闪光（也称"翠性"）的现象，这是光从硬玉解理面上反射的结果，成为翡翠与玉石区别的重要特征。

② 硬度：摩氏硬度为 6.5~7.0。

③ 比重：3.30~3.36。翡翠的比重随所含铬、铁等元素的不同而有所变化，宝石级翡翠的比重一般为 3.34。

（2）光学特征

① 颜色：变化大，有白、绿、红、紫红、紫、橙、黄、褐、黑等色。其中最名贵者为绿色（翠），其次是紫蓝（紫罗兰）和红色（翡）等。绿色在行话中称"翠"，是人们所追求的最佳颜色。

绿色翡翠由浅至深分为浅绿、绿、深绿和墨绿，其中以绿为最佳，深绿次之。之所以呈现绿色，是因为翡翠中含微量的铬、铁等杂质元素。当翡翠中含杂质元素铬，翡翠呈诱人的绿色；当翡翠中含杂质元素铁，翡翠则呈发暗的绿色，油青种即属于此类，我们在后面也会提到。当翡翠同时含有组织颜色铬和铁，翡翠的绿色会介于两者之间，具体视铬、铁的比例而定。黄色和红色均是次生颜色，主要是由于翡翠原石经风化淋滤后，其中的二价铁变成三价铁而产生鲜艳的红色，称之为"翡"。紫色也成"紫翠"，按其颜色深浅变化可分为浅紫、粉紫、蓝紫、茄紫等颜色，一般认为翡翠呈紫色是因为其含微量的锰元素所致。但另说紫色翡翠是因为二价铁和三价铁的电子跃迁致色。

②透明度及光泽：翡翠的透明度称"水"或者"水头"，决定于组成翡翠矿物的颗粒大小、排列方式等。翡翠一般为半透明至不透明，极少为透明。透明度越高，水头越足，价值也就越高。翡翠一般为玻璃光泽，也显油脂光泽，这种表现取决于组成翡翠矿物颗粒大小、排列方式等，同时还取决于抛光程度。

③折射率：翡翠的折射率为1.666~1.680，点测法为1.65~1.67，一般为1.66。

④光性特征：由于翡翠主要由单斜晶系的硬玉矿物组成，因此翡翠为非匀质集合体。

冰种飘绿翡翠如意坠

翡翠满绿包金戒指

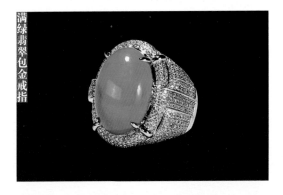

满绿翡翠包金戒指

书卷芙蓉满绿翡翠戒指

翡翠佑安 · 翡翠的鉴赏与收藏

⑤ 吸收光谱：绿色翡翠主要由铬致色，因而显典型的铬光谱，表现为在红区（690 纳米、660 纳米、630 纳米）具吸收线。所有的翡翠因为含铁，因而在 437 纳米处有一诊断性吸收线。

⑥ 发光线：天然翡翠绝大多数无荧光，少数绿色翡翠会带有微弱的绿色荧光。白色翡翠中若含有长石，经高岭石化后可显微弱的蓝色荧光。

翡翠飘花宽条手镯

满绿翡翠手镯

3. 结构特征

（1）交织结构

翡翠种的颗粒状、纤维状的矿物呈交织定向排列在一起。此结构一般质地较细，韧性较好。

（2）镶嵌结构

由于翡翠颗粒多数是长柱状，它们彼此互相穿插的集合在一起。

（3）变斑晶结构

由于翡翠的颗粒多为长柱状且互相穿插在一起，当切割为一平面时就会表现出颗粒的大小、形态、颜色的变化。

第二节　翡翠的种和质

一、种的基本概念

翡翠的"种"有广义和狭义两种概念。广义的"种"是种类，即翡翠的品种。如玻璃种、老坑种、乌砂种等。

狭义的"种"指的是透明度（水头）。

透明度是指翡翠透过可见光的能力。翡翠的透明度变化非常大，从近乎玻璃般的透明度到完全不透明，透明度直接影响翡翠的外观。透明度好的翡翠质地通透，玉质感强，具有滋润柔和的美感，透明度差的翡翠则显得呆板缺少灵气。透明度的好与差取决于组成翡翠矿物颗粒的大小、颗粒的形态及颗粒之间的结合程度。

观察透明度要注重对其晶莹程度的把握，观察颗粒与颗粒的周边是否透明，同时注意抛开杂质裂隙对透明度的影响。

二、影响种（透明度）的因素

1. 翡翠晶体颗粒的粗细影响透明度

颗粒越细透明度越好、颗粒度越粗透明度越差。

2. 翡翠晶体颗粒的结合方式影响透明度

颗粒结合越紧密透明度越好，结合越疏松透明度越差。

3. 翡翠颜色的深浅影响透明度

同样质地的翡翠颜色越浅透明度越好，颜色越深透明度越差。

4. 翡翠杂质存在影响透明度

同样质地的翡翠杂质越少透明度越好，杂质越多透明度越差。

5. 翡翠的加工方式影响透明度

同样质地的翡翠加工越薄透明度越好，加工越厚透明度越差。

三、质的基本概念

翡翠的"质"指的是质地，是指翡翠颗粒的存在形式及相互存在关系，即指翡翠的结构。表现于结晶体颗粒大小、形态及其结合方式。

当翡翠的颗粒度小，颗粒间的结合紧密时，透明度好，光泽较强，玉质的细腻温润度也很好。当颗粒度较大，颗粒间的结合疏松时，透明度较差，光泽也相对较弱，温润程度也不会很好。

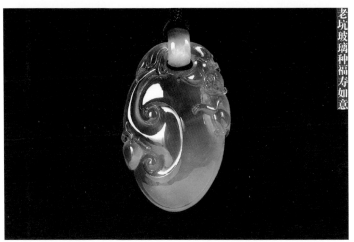

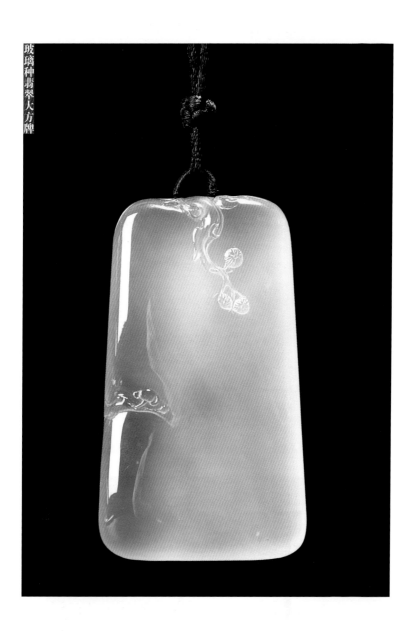

玻璃种翡翠大方牌

翡翠佑安 · 翡翠的鉴赏与收藏

天然翡翠玻璃种如意佛吊坠

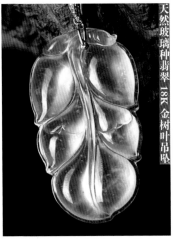

天然玻璃种翡翠18K金树叶吊坠

玻璃种翡翠包金豆荚

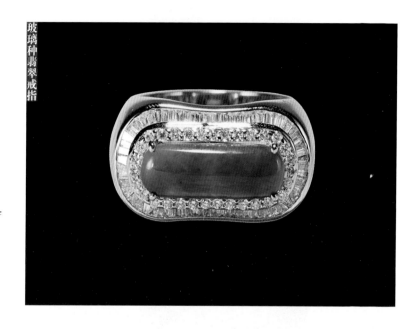

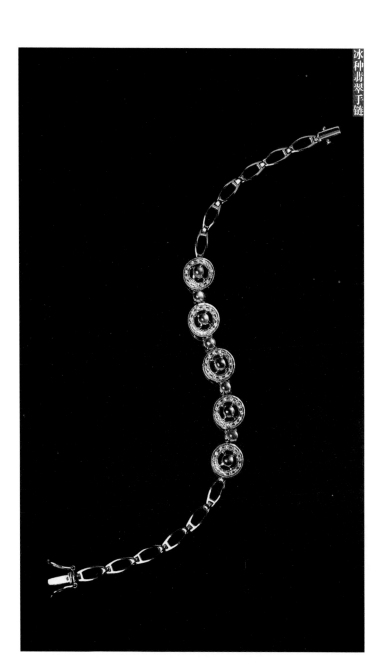

冰种翡翠手链

玻璃种翡翠链排

冰种佛

翡翠佑安 · 翡翠的鉴赏与收藏

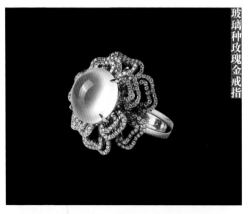

玻璃种玫瑰金戒指

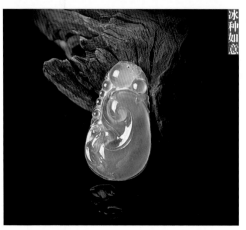

冰种如意

卡镶嵌玻璃种戒指

四、影响质地的因素

1. 结晶颗粒的大小直接影响质地的好坏

结晶颗粒越小，质地越好。反之，结晶颗粒越大，质地越差。

按颗粒大小分成：隐晶质、精细颗粒、细颗粒、中颗粒、粗颗粒及大颗粒。

2. 结晶颗粒的形态及形态的均匀性也会影响质地的好坏

根据颗粒的形态可分成：纤维状、粒状、短柱状、长柱状及混合状。

3. 结晶颗粒的结合方式对质地好坏影响最大

结晶颗粒结合得越紧密质地越好，结合得越疏松质地越差。颗粒结合得紧密还是疏松，可以通过肉眼及放大镜观察颗粒间的边界线的形态从而间接地确定。

颗粒与颗粒之间的边界线，无明显边界线的最好，其次是曲线状边界，直线状边界质地最差。

第三节　翡翠的颜色

一、翡翠的原生色

原生色指在地表以下，在各种地质条件的作用下翡翠结晶过程中所形成的颜色。其中白色、绿色、紫色、黑色系列都属于原生色。行内也称"肉色"。

1. 无色（白色）

无色（白色）翡翠由纯的硅酸铝钠组成，成分单一。其中颗粒细腻，且颗粒结构紧密，有较高的透明度，如无色玻璃种翡翠。若其间颗粒较粗，结合方式不良或含裂隙、杂质等将呈现不透明的白色。

高冰种观音

2. 绿色

翡翠的绿色主要由微量的铬等元素类质同象替代引起，含量越高，颜色越深。

当硬玉分子铝被少量铬替代时，呈现浅淡的绿色。当硬

天然翡翠满绿珠子项链

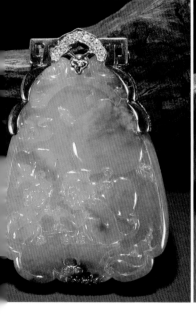
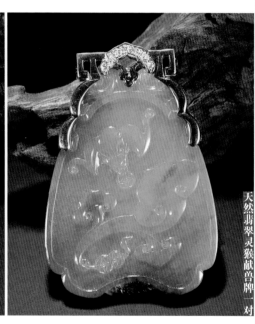

第二章 ◎ 识翡翠

天然翡翠灵猴献兽牌一对

祖母绿吊坠水滴素面配钻石

翡翠佑安·翡翠的鉴赏与收藏

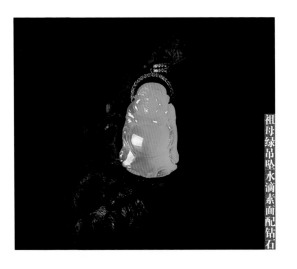

祖母绿吊坠水滴素面配钻石

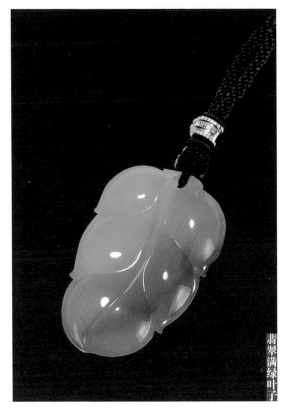

翡翠满绿叶子

天然翡翠18K金镶钻如意

玉分子铝被适量铬替代时，呈现明艳的翠绿色，但铬含量很高时，翡翠的绿色变为墨绿色甚至黑色。

　　当硬玉分子铝被铁替代时，翡翠的绿色常呈现较浅的绿色或是较暗的绿色，常带灰、蓝、黄等其他色调，不如铬翡翠绿色纯正鲜艳。如芙蓉地的底色、绿油地的底色。

天然翡翠天地人吊牌

天然翡翠年年有鱼吊坠

翡翠佑安·翡翠的鉴赏与收藏

当硬玉分子铝同时被铬和铁替代时，翡翠的颜色将会介于两者之间，视铬和铁的含量而定。

3. 蓝色

翡翠的蓝色多表现为灰蓝至较深的蓝色，其中微量铁元素替代硬玉中的铝导致带灰的蓝色，铁含量很高时将出现深灰蓝色，或接近于黑色。有时蓝色也可以由所含大量矿物包体如绿辉石、霓石等，使整体呈现蓝色。

4. 紫色

紫色翡翠也称春色，有粉紫、红紫、蓝紫、茄紫等品种，传统观念认为紫色是由锰致色，也有人认为是由于铁的不同价态离子跃迁致色或与钾离子的存在有关。

天然翡翠紫罗兰四件套

天然翡翠紫罗兰戒指

天然翡翠紫罗兰金蟾摆件

5．黑色

黑色翡翠常见的四个品种：

① 乌鸡种翡翠

灰黑至黑灰色，色调不均匀，透明度不等。乌鸡种翡翠由所含杂质呈色，如碳质矿石、石墨微粒或铁矿物。

② 钠铬辉石质翡翠（干青）

几乎满色绿色浓度大，微微呈很深的绿色或几乎呈黑色，含少量硬玉，主要由钠铬辉石组成，还可能有铬铁矿及其他角闪石类矿物。

③ 绿辉石质翡翠（墨绿）

主要由绿辉石组成，墨绿色，浓重，质较细腻，透光性好，透光下显示深绿色。

④ 黑油青种翡翠

由于铁含量过高及杂质矿物的存在，翡翠呈带灰色的绿、灰色的蓝色调的深绿色，甚至黑色。

二、翡翠的次生色——黄色和红色

黄色和棕红色系列又称为"翡"，属于次生色。它们是绿、紫等原生色的翡翠底子形成之后，由于风化、淋滤等外生作用，赤铁矿或褐铁矿沿翡翠晶体颗粒间的空隙或裂缝渗透浸染而成的。

其中褐铁矿一般导致黄色，赤铁矿导致红色。这种颜色是外来氧化铁机械渗入晶体孔隙中致色，不是翡翠晶体固有的颜色，化学上不稳定，强酸浸泡有可能完全溶走化学物质从而使翡翠褪色。

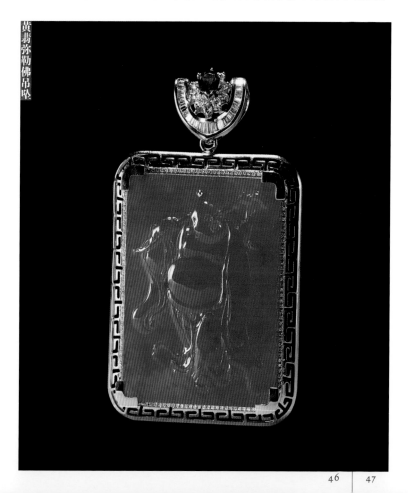

黄翡弥勒佛吊坠

三、翡翠颜色常用术语

1. 祖母绿：颜色纯正，色泽鲜艳，分布均匀，质地细腻，是翡翠中的佳品。

2. 阳绿：颜色鲜艳而明快，色正但较浅，如一汪绿水，灵活性较强。

3. 艳绿：绿色纯正，色浓而艳，色偏深时为老艳绿，色浅时为阳艳绿。

4. 黄杨绿：像春天的黄杨树叶，鲜艳的绿色中略带黄色色调。

5. 葱心绿：像娇嫩的葱心，绿色中略带黄色色调。

6. 鹦哥绿：像鹦哥的绿色羽毛，色艳淡绿中带着淡淡的黄色调。

7. 金丝绿：绿色如丝状，条带状，颜色鲜艳且浓度高。

8. 点子绿：绿色呈较小的点状，即呈星点状。

9. 丝片绿：绿色呈丝片状。

10. 豆青绿：带有微微的蓝色调，呈豆青色，颜色暗不鲜艳。

11. 菠菜绿：颜色如菠菜的绿色，绿色暗淡不鲜艳。

12. 瓜皮绿：颜色像瓜皮的青绿色，色调偏蓝绿，色较暗。

13. 油绿：颜色不鲜艳，较暗。带灰色的暗绿色。

14. 底障绿：是底的颜色，为均匀且浅淡的绿色。

15. 其他底障色：紫罗兰、红色、黄色、蓝色等。

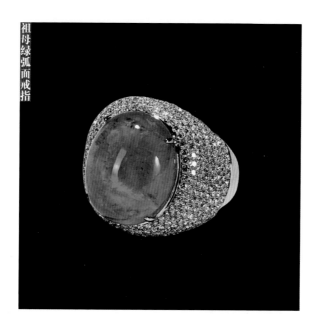

祖母绿弧面戒指

祖母绿蛋面裸石

第四节　翡翠的底

一、概念

翡翠的底又叫"地儿"。它是质地与种（透明度）的综合反应，质地与种共同构成翡翠的"底"，即：

$$底（地儿）= 质地 + 种（透明度）$$

翡翠的底又称"地张"，它是翡翠去掉由铬离子呈现的绿色之外的部分。

二、常见的几种"地儿"

1. 玻璃地儿

质地极细腻，隐晶质集合体，组成矿物的颗粒肉眼及 10 倍放大镜下不可见，纤维变晶交织结构，颗粒间结合紧密，镶嵌状边界极不规整，因而拥有极高的透明度和明亮的光泽。明亮透明近如玻璃，是翡翠中的高档品种。

行内对于玻璃地又有人称为"水地"。如亮水地儿、清水地儿、晴水地儿、灰水地儿、混水地儿等。

2. 冰地儿

质地比较细腻，结晶颗粒肉眼难见，但 10 倍放大镜下有时可见，有时颗粒稍粗，但颗粒间结合方式很好。边界线不平直，呈紧密的镶嵌状，透明度仅次于玻璃地，光泽度很强。清澈透明，晶莹如冰，感觉冰清玉洁，甚至有种冰冷的寒意，也是翡翠中的上品。

3. 芙蓉地儿

由铁致色整体呈淡绿色，质地细腻程度一般，由细粒或中到粗粒晶体组成，晶体颗粒通常肉眼及放大镜下可见，但晶体颗粒的结合方式很好，颗粒间界限不清晰，透明度经常只是中等程度。光泽一般，玉质较细，较透明，有颗粒感但却见不到颗粒的界限。

4. 油地儿

质地通常较细腻，范围可从豆油地儿到接近隐晶质，颗粒度极细，粗粒，光泽带油质感，色调较暗，含铁较高，常呈现暗绿、暗蓝、暗灰或带上述颜色的混合色调，透明度跨度较大，可从玻璃地儿的透明度到完全不透明。

5. 冰豆地儿

质地不算细腻，透明度通常较好，由中至粗粒的结合方式很好的晶体组成。晶体颗粒度比较明显，但是晶体的边界线不清楚，透光观察可见如分散的冰块现象。

6. 化地儿

颗粒度较细或很细，但晶粒间以较疏松的方式结合，放大观察边界线较平直，透明度中等到微透明，光泽柔和，按颗粒大小及透明度由大到小排列，大致即行内说的玛瑙地儿、浑水地儿、藕粉地儿、糯化地儿、豆化地儿到芋头地儿等。

7. 豆地儿

翡翠质地中最常见的品种，涵盖范围也十分广阔，组成颗粒通常为中至细粒到晶型完整的柱状晶体，颗粒间结合边界规整，

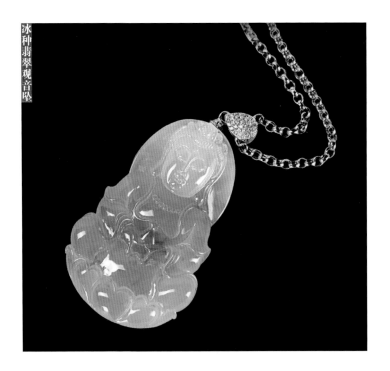
冰种翡翠观音坠

镶嵌边界界限较平直，几乎呈直线状，透明度中等至不透明。

　　大致有细豆地儿、粗豆地儿、水豆地儿、细白地儿、白砂地儿、灰砂地儿、豆青地儿、青花地儿及紫花地儿等。

　　8．瓷地儿

　　颗粒度细，结合方式比较松散，晶体颗粒边界规则，微透明至不透明，光泽较明亮，好的瓷地儿翡翠光泽如同瓷器，表面釉层中透出包含水汽的光泽。

　　9．干白地儿

　　质地为细颗粒至粗颗粒，结合方式较差，结构松散，几乎不透明，没有水，地子非常干。如白花地儿、糙白地儿、糙灰地儿等，是翡翠中最差的地子。行内称其为砖头料。

白冰挂坠

白冰耳钉

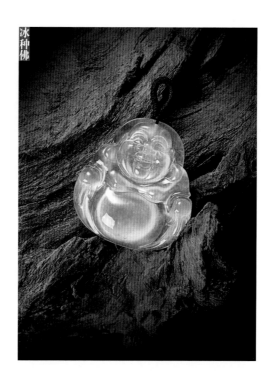

冰种佛

天然白翡葫芦 18K 金吊坠

第五节 缅甸翡翠矿区的地理分布及分区描述

缅甸翡翠矿区位于北部密支那地区，在克钦邦西部舆实阶省交界线一带，也即沿乌龙江上游向中游呈东北—西南向延伸，长约 250 千米，宽 10~15 千米，面积约 3000 平方千米。经过几百年的采掘，在这个约 3000 平方千米的矿区范围内，翡翠矿区密布。由于弃旧开新，所以大大小小的新老坑口难以计数。

缅甸翡翠玉石矿床，按其地理位置和行政区划，习惯上划分为 8 大场区。这种所谓的场区，只是行政管理的划分，不是翡翠成因类型的划分。

每个场区又划分为许多小的"场口"。"场口"，缅甸语称之为冒（或"磨"），通常是以发现人的名字或所在地的地名来命名。

缅甸翡翠的 8 大场区为：（1）龙肯场区；（2）帕敢场区；（3）香洞场区；（4）达木坎场区；（5）会卡场区；（6）后江场区；（7）雷打场区；（8）南其—小场场区。下面对其中四个场区进行简述：

一、龙肯场区

早期称"新场"。该场区位于乌龙河的上游，东起乌龙河西岸，西至凯苏场口省界止，北从乌龙河上游的小支流起，

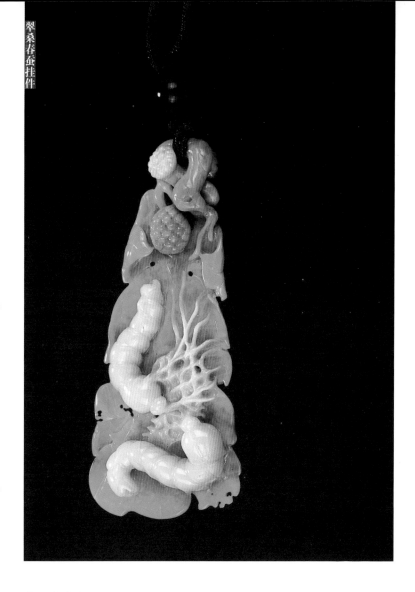

南至南木皮止。

　　东西长约 40 千米，南北宽约 30 千米，场区内大大小小场口约有 30 多处。乌龙河流经北部，在东部转流向南。西部、东北部和大部分中部地区的矿床离乌龙河较远属于原生矿床。东部乌龙河两岸的矿床，均属河流冲击矿床。

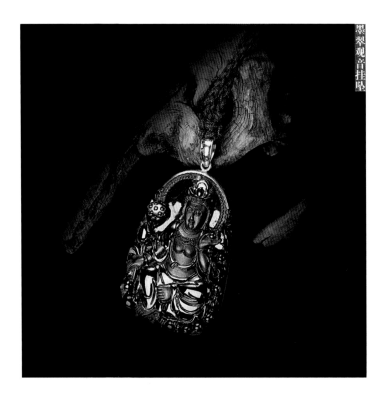

墨翠观音挂坠

采自该场区的玉石，都在龙肯寨集散地交易。龙肯寨位于乌龙河上游的西岸，是从孟拱进入玉石场的第一个玉石集散地。从孟拱往干遇、南亚，再到龙肯，大约有 103 千米。

二、帕敢场区

帕敢场区是著名的翡翠矿场，位于龙肯场区以西约 8 千米处，由龙肯场区的多磨、妈隆、摩西砂、南木皮以南之地域，顺乌龙河西北岸而下，经杰得供贡、帕敢寨、帕敢基、摩东、三跋、帕丙，西至省边界，方圆 50 平方千米。该场区全部翡翠为次生矿，也是翡翠次生矿床的最早发育地段，其中可以分成许多矿坑（磨）。

矿坑位置与水系分布有关。乌龙江由东北边注入，南北向流经场区。在该场区内有 10 多条支流由西北方向注入乌龙江主流。

该场区的次生矿床开采最早，而且分布厚度最大，是优质次生翡翠矿石产出的场区。开采多顺着山区水系两边的斜坡进行，分为上、中、下场口。此场区约有 40 余个场口。这里矿坑分布最多，比较集中。其中帕敢基（老帕敢）矿坑最为著名，已开采了很长时间。

矿坑分布：

（1）帕敢基（老帕敢）磨：位于帕敢寨的西边乌龙河西岸，是历史名坑，开采最早。这里所开采的翡翠矿石均为次生矿，可分为高地砾石层砂矿和现代河漫滩沉积砂矿。

现代河漫滩沉积砂矿主要是在现代雾露河床中进行开采，河床宽度大，河漫滩砾石层堆积厚度也很大。含翡翠的砾石直径大小不一，未有胶结，皮薄且光滑。洪水暴发时被河水淹没，枯水期往往可露出水面，所以没有形成风化的外壳，玉石商人称之为水石。

河床中的砂矿过去开采的方法是潜水取石，工人戴上眼镜，潜入河床的水中捞石，岸上有人用打气筒供给氧气。有经验的工人，用手就可分出是否是玉石。冬天冷水刺骨，照样要潜水捞石，十分辛苦。现在改为机器吸水方法，将水吸干，再进行开采。

高地砾石层砂矿主要沿雾露河河床两侧的山坡出露。当地人

称这里的高地砾石层砂砾为石脚层，也正在大规模地开采，并且采用机械化开采。这里可发现有高质量的翡翠矿石，矿石有黄砂皮、咖啡红、黑灰色砂皮、水翻砂等各种皮壳。玉石行业人士都认为，帕敢基出产的翡翠原石的色、种、质均较好。

此场口所租用的开采地价比较高，竞投人多，因为这里找到高档翡翠的机会多。

（2）摩湾基和摩湾哥立：这两个场口均位于帕敢场区东北边的摩湾河支流的两边，距离很近，所处的地质及地貌位置均十分接近，故一起描述。

这里所开采的均是高地砾石层的翡翠砂矿。高地砾石层被河流切割开，约有100多米深，所以两边均可见切割出的砾石层剖面。由于是山区河流，所以河床窄，枯水期基本缺水，即使是雨季也可开采。

砾石层由上到下大致可以分为以下两层：上层为红色层和黄色层；下层为灰色至黑色层，半胶结状，含有绿色片岩、云母片岩。翡翠砾石常有蜡壳，砾石为半滚圆状至次棱角状。

据说该场区出了许多优质的黑乌砂翡翠矿石，也有黄砂皮。由上到下开采已有几十米，未见基岩。

三、达木坎场区

此处产出的翡翠砾石多为白砂皮石和黄砂皮石，无黑砂皮石。

此处含翡翠的砾石滚圆度普遍较好，但含翡翠的砾石比例少些，个体也小些，5千克以上的很少，多为水石。这可能与场区所处的位置（下游）有关，但仍然有质量好的翡翠。

从地形及水系分析，达木坎场区的翡翠砂矿处于雾露河下游，雾露河将侵蚀流经上游地区的高地砾石层，翡翠砾石也随之搬运至达木坎沉积。由于进入平原地区，水的流速减低，所搬运的砾石自然较小。

四、会卡场区

位于香洞场区的东南边，此处数条山沟（冲沟）小溪汇集而成会卡河。会卡河由南向北在香洞以北注入雾露河。该场区面积较大，各个开采场口均集中在河流两岸，包括许多场口，例如展嘎、磨东、枪送、玉石王、外苏巴炯、下苏巴炯、格东月、洋格丙、烈固炯、

摩皮等。其中有些场口（如展嘎）现在开采的是含翡翠的高地砾石层，由上至下也可以分为 3 层。上层为黄色沙砾石层；中层为铁锈色层；下层为黑灰色层。黑灰色层下面可见有基岩出露，为较硬的蓝绿色片岩。

此矿区多属于高地砾石层，厚度很大。此处所产的翡翠砾石直径大小悬殊，大的可达上千公斤。翡翠矿石的色和种均不错。会卡场区出产了许多质量好的翡翠原料。例如，最近发现了一块满色、质地细、水头佳、重达 4.5 千克的翡翠原料就产自该矿场，其价值竟达 3000 多万港元。

根据地形水系分析，会卡场区翡翠矿与现代雾露河所携带的沉积物无关，而是来自周围高地（高地砾石层）。据推测周围地带应有原生矿。

原石重 8 吨，灰黑皮，蜡种，底细糯淡春，2001 年设计雕刻成弥勒佛，加工后重 6 吨，作品系戴梦得珠宝公司拥有，评估价 4.5 亿人民币，售出价 2.8 亿人民币。

原石重 12 吨，大象皮，蜡种，中豆底。1999 年设计雕刻成一尊站立观音，加工后作品重 9.2 吨。作品系玉成缘珠宝公司拥有，评估价为 4 亿人民币，售出价 2.6 亿人民币。

翡翠山水人物插屏

第三章 | 论翡翠

第一节　中国传统文化的魅力与感染力

中国的玉器，自公元前 5000 年左右的新乐文化（以辽宁省沈阳新乐原始文化遗址为代表）、河姆渡文化（以浙江省余姚河姆渡文化遗址为代表）出现开始，一直不间断地延绵发展了七千多年，这是世界上其他国家文化发展史中所没有的。从玉器本身的造型和玉器表面的纹饰来看，都说明经历过孕育、成长、发展、繁荣等不同的历史阶段。例如，初期只有造型比较简单的玉璜、玉簪、玉环、玉珠等装饰品，而且多呈素面，或施以极其简单的阴刻线。经过数千年的发展，元、明、清三代玉器的雕琢艺术与当时的绘画、书法以及工艺雕刻紧密联系，全面继承了前代玉器的多种琢工和技巧，并有了显著的发展与提高。对于山水、花卉、人物故事等题材的玉器，要求玉工熟悉所描述的对象，追求神韵与笔墨情趣。到清代，对琢工的要求更是苛刻，凡直线必须笔直，圆形必如满月，角必得圆润，尖角一概锋锐。总之，全部都要求规矩方圆一丝不苟。我国古代玉器的雕琢艺术，处处反映了中华民族悠久历史文化的特色。

翡翠雕件的造型和图案是我国悠久玉雕历史的重要组成部分。所谓纹饰，就是以具体的实物（如山川、树木、花卉、飞禽、走兽等）和幻想的形象（如龙、凤凰、麒麟等）来表达某种抽象的意念和感情，通过这种图案形象给人以喜庆祥和、吉利祝愿之意。传统纹饰是中国人民在历史长河中创造出来的一种艺术形式。它是中国人民

紫罗兰翡翠印章

淳朴善良、聪颖智慧的反映，经久不衰，具有极强的生命力。

中国古代象征吉祥的四大瑞兽有青龙、白虎、朱雀、玄武。仙鹤是长寿的象征，孔雀是美丽的象征。麟、凤、龟、龙是四灵兽，古人对"四灵"的神性还有过解释，认为"麟体信厚，凤知治乱，龟兆吉凶，龙能变化生九子"。民间传说，貔貅就是龙的第九个孩子。这些内容被广泛用于翡翠雕件上。

第二节　常见翡翠纹饰表现的寓意

1. 如来：即如来佛，是万佛之祖。有通天彻地的本领。

2. 达摩：达摩面壁修行九年，有"面壁九年成正果，风风火火渡江来"的说法。他是中国禅宗的初祖。

3. 佛：佛可保佑平安，寓意有福（佛）相伴。常取材大肚弥勒佛造型，是解脱烦恼的化身。开口便笑，笑天下可笑之人；大肚能容，容天下难容之事。蕴含着笑口常开，知足常乐的意思。也有人称之为常乐佛、笑弥勒等。元宝佛尊和伏虎神佛，经常手上托着蝙蝠。还有人常说托你的福，这里可以引申为托佛的福，还可用来消灾解难。

4. 观音：观音慈悲普度众生，是救苦救难的化身。常有人称之为慈悲观音、南海观音、东海观音、净瓶观音、诵经观音、滴水观音、送子观音、佑安康观音、保平安观音等。蕴含着观音赐福、保平安吉祥的意思。

5. 罗汉：有十八罗汉、一百零八罗汉造型。均是驱邪镇恶的护身神灵。

6. 八仙：八仙过海、八仙献寿最为有名。八仙是指张果老、吕洞宾、韩湘子、何仙姑、铁拐李、汉钟离、曹国舅、蓝采和。有时用八仙持的神物法器寓意八仙或八宝。八种法器分别是鱼鼓、剑、笛子、荷花、葫芦、芭蕉扇、玉板、花篮。

7. 财神：有招财进宝之意，或叫天降财神。

8．寿星老：寓意长寿，寿星高照。

9．刘海儿：与铜钱或蟾一起寓意刘海儿戏金蟾。刘海儿每戏一次金蝉，金蟾就吐出一枚钱币，故有招财的说法。

10．东方朔和桃子：传说东方朔偷吃了仙桃，活到了一万八千岁，因此有代表长寿的意思。

11．天使：丘比特一箭钟情。

12．金蟾、貔貅：这两件宝贝是招财辟邪的灵兽。金蟾是只有在玉器雕刻时才有的题材，它是三脚的蟾蜍，因其有吐钱的本领，故而有招财的寓意，含有金钱的金蟾在摆放时嘴冲屋内，不含钱的金蟾就冲屋外。貔貅传说是龙王的第九个儿子，因其只吃不拉的特点，所以可以纳财。在《汉书·西域传》上有一段记载：乌戈山离国有桃拔、狮子、尿牛。孟康注曰：桃拔，一曰符拔，似鹿尾长，独角者称为天鹿，两角者称为辟邪，辟邪便是貔貅了。它的主食是金银财宝，自然是浑身宝气，因此深得玉皇大帝和龙王的宠爱。不过，吃多了就要拉肚子。有一天，它忍不住而随地便溺，惹玉皇大帝生气了，一巴掌打下去，结果打到屁股，屁眼就被封住了。从此，金银财宝只进不出，这个典故传开来之后，貔貅就被视为招财进宝的祥兽了。

13．凤：祥瑞的化身，与太阳、梧桐一起寓意丹凤朝阳，或者叫凤舞九天。

14．蟾：蟾与钱谐音，常见蟾口中衔铜钱，寓意富贵有钱。与桂树一起寓意蟾宫折桂。常有三脚蟾和四脚蟾之造型。寓意是腰缠万贯、常常如意或常常有钱。

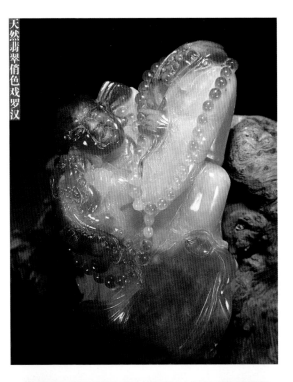

天然翡翠俏色戏罗汉

天然黄翡雕凤带扣

翡翠狮钮印章

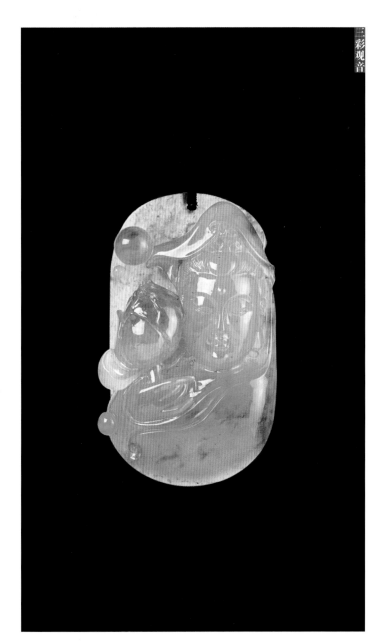

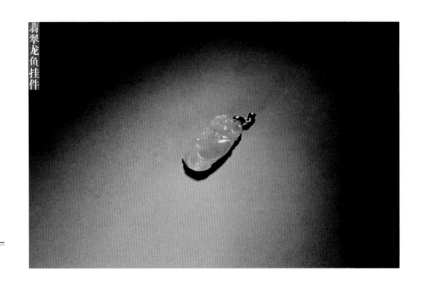

翡翠龙鱼挂件

15. 狮子：表示勇敢，两只狮子寓意是事事如意。一大一小狮子寓意太师少师，意即位高权重，和如意一起叫事事如意。

16. 仙鹤：寓意延年益寿。鹤有一品鸟之称，又意一品当朝或高升一品。与松树一起寓意为松鹤延年，与鹿和梧桐寓意为鹤鹿同春。

17. 麒麟：麒麟送子或者麒麟送瑞、麒麟送福。麒麟是祥瑞兽，只在太平盛世出现。

18. 蝙蝠：寓意是福到。五个蝠寓意五福临门。和铜钱在一起寓意为福在眼前。与日出或海浪一起寓意福如东海。有福来相伴、有福相伴之说，也有护身符之说。

19. 鲤鱼：鲤鱼跳龙门。古代传说黄河鲤鱼跳过龙门，就会变化成龙。比喻中举、升官等飞黄腾达之事；还比喻逆流前进。龙头鱼（鳌鱼），鱼化龙寓意为独占鳌头。

龙凤对牌

20. 螭龙：传说中没有角的龙，又叫魑虎。

21. 龟：平安龟或长寿龟。取福寿归（龟），与鹤一起寓意龟鹤同寿。带角神龟即长寿龟。龟也代表了坚定或者富甲天下。

22. 虾：弯弯顺，平步青云，步步高升。

23. 大象：寓意吉祥或喜象。与瓶一起寓意为太平有象。

24. 金鱼：寓意金玉满堂。金鱼的眼睛如果圆滚滚的也可以叫财源滚滚。

25. 雄鸡：吉（鸡）祥如意，常带五只小鸡寓意为五子登科，冠上加冠。

26. 螃蟹、甲壳虫：富甲天下，发横财或者八方来财。

27. 蜘蛛：知足常乐。

28. 鳌鱼：龙头鱼身，是鲤鱼误吞了龙珠而变成，化龙后要升天又可叫平步青云。寓意为独占鳌头。

29. 鹌鹑：平安如意。和菊花、落叶一起寓意为安居乐业。

30. 獾子：寓意为欢欢喜喜。

31. 喜鹊：两只喜鹊寓意双喜，和獾子一起寓意欢喜。和豹子一起寓意报喜（和竹子也有竹报平安之说）。喜鹊和莲在一起寓意为喜得连科。

32. 驯鹿：福禄之意。与官人一起寓意为加官受禄。

33. 海螺：扭转乾坤。

34. 壁虎：必定有福。也可寓意为避祸。

35. 青蛙：呱呱来财。

36. 蝉：一鸣惊人，常常如意（雕刻蝉或者金蟾与如意）。儿童佩戴居多，寓意聪明。

37. 熊、鹰：熊与鹰一起寓意英雄斗志或者英雄如意。

38. 瓜果：呱呱来财。两个瓜，就当它是木瓜，所以有和睦（木）生财之意。

39. 鼠：代表顽强的生命力。鼠聚财的本领也是数一数二的。鼠和钱在一起代表数钱。如果有个窝代表数钱进家。

40. 牛：牛市冲天。

41. 虎：猛虎下山，虎虎生威，虎啸南山，有上山虎奔仕途，下山虎取钱的意思。

42．兔：有玉兔呈祥，前途似锦，扬眉吐气，好事成双之说。

43．龙：祥瑞的化身，与凤一起寓意成双成对或龙凤呈祥。

44．蛇：灵蛇之珠比喻非凡的才能。

45．马：马上发财，马上如意，马上有钱等。还有就是马背上有5元宝、如意、钱等。还有天马行空、一马平川等比较有气势的词语，喻才思豪放飘逸，还有龙马精神之说。

46．羊：洋洋得意，三阳开泰，样样如意。

47．猴：侯，即封侯高升之意。

48．鸡：金鸡报晓，闻鸡起舞，金鸡独立之意。

49．狗：全（犬）年兴旺。

50．猪：诸事如意。

51．梅花：和喜鹊在一起寓意喜上眉梢，与松、竹、梅一起寓意岁寒三友。

52．兰花：与桂花在一起寓意兰桂齐芳，即子孙优秀的意思。兰花也象征着高洁的品性。

53．竹子：平安竹，富贵竹。竹报平安或节节高升。

54．百合：寓意百年好合。与藕一起称之为"佳偶天成，百年好合"。

55．莲荷：寓意为出淤泥而不染；与梅花在一起寓意和和美美；与鲤鱼一起寓意连年有余；与桂花一起称之为连生贵子。

第四章 ｜ 赌翡翠

第一节　所谓的赌石

所谓赌石，就是用璞玉来赌博。赌石自古就有，不过最早赌的是和田玉，现在赌的是缅甸翡翠原石，主要赌矿石中有没有翡翠。由于所赌砾石的表面一般都有一层风化皮壳的遮挡，看不到内部的情况，人们只能根据皮壳的特征和人工在局部的开口表象来推断赌石内部有无上等的翡翠，因此，行内把判断玉的过程称做"赌石"。

翡翠的赌石实际上就是翡翠原石中的籽料，即翡翠的砾石。翡翠这种砾石是风化破碎后滚下山坡被洪水或河水带入山沟或小河中形成的。在滚动或搬运的过程中，翡翠矿石碎块的棱角被磨圆，原来裂纹多或疏松的部位被磨掉或崩落。翡翠砾石从土中挖出以后，身上有色有皮，每一块砾石都有皮，颜色有200多种，如红、黄、黑、灰、白等，而皮下有没有玉，不能仅从表象作出判断。因为这种表象并不是每个人仅凭书本知识就能看透的，更多的是凭实践经验。即使在科学技术发达的今天，也没有一种仪器能穿透皮壳，看清块体内部翡翠的优劣。因此，在翡翠交易中，人们只能靠打赌来判断它内部的好与坏。所以在长期的实践过程中，玉石行形成了一种古老的交易方式，就是买一块原石，剥开看里面有没有玉，是不是高品质的玉。原石形状各异，各种皮都有，有的直接露出一点，所以有全赌、半赌、明赌三种手段。全赌是全部蒙着，只看到表皮；半赌是露出一点点；明赌是全部剥开赌。

既然是赌，谁也没有必胜的把握，即使是经验丰富的行家也难免有看走眼的时候，颇具风险性。然而，赌石的神秘感和乐趣使很多人还是选择了赌石业。随着中国经济的发展，国人对高品质的缅甸翡翠需求量日益扩大，从而影响了整个亚洲乃至西方对翡翠的认同。但高品质的翡翠只有在缅甸和云南交界的密支那地区出产。这就使翡翠的交易不可能像普通商品那样论斤议价。随着翡翠资源的枯竭和翡翠价值刚性走高的趋势，赌石这种古老的交易方式在延续上更加激动人心。

第二节　赌石的识别

赌石因为其刺激性强、风险大而吸引八方客商下注。如果买家是会赌的高手，若运气好买到了上品，瞬间就变成暴发户，变成百万乃至千万富翁；反之，就会血本殆尽、倾家荡产。

赌石技巧亦称"相玉"，是进行高档翡翠原石交易中看货评估价格的学问，它在滇缅边境玉商中流行至今，已有数百年历史。20世纪初，曾有一批赌石赢家发迹成名，如毛应赌得"毛家大玉"而富甲一方，为炫耀富贵，家人在其死后用上千对高翠手镯扎成棺材罩子作为陪葬品。改革开放以来都市成功者典型很多，不再一一列举。

前人关于赌石的学问曾有颇多记述，择其要点如下：

1. 认识场口

翡翠矿场分布在缅北乌鲁江（亦译乌龙河、乌龙江）流域，地势为丘陵及河床盆地，雨量充沛，植被茂盛，表面砂砾覆盖。按翡翠产出环境分为山料和籽料，前者是未受风化破碎，而与原岩长在一体无包皮，内外相同；后者是经受风化破裂，被雨水或河流冲刷转移形成，外壳包皮，其外壳特征与产地的土壤、植被及水质有密切关系，即场口不同而赌石也有差异。著名的场口其赌石均有典型特性。如位于乌鲁江中游的老场区，其中大场口有27个，已开采到20米以下，共分三层，由上而下依次为黄砂皮、黄红砂皮、黑砂皮。在后江场区有十多个场口。产量多、质量好、很受商家重视的新场口，其深部产出之石以红蜡、黑蜡和白苏蜡壳为显著标志。应该指出，翡翠出口众多，每个场口都可能产出高翡翠，但是极品好货以老坑种（籽料）为最多。

2. 审观表皮

赌石被各种表皮包裹着，观皮及里的学问十分重要。为了类比评估，专家们对表皮做了分类。有的按颜色和粒度分为黄盐砂皮、黄梨皮、黑乌砂皮、白盐砂皮、大象皮、笋叶皮、铁砂皮等。也有仅分粗皮、砂皮和细皮三类。杂皮货无规律性又不常见佳品，如不倒翁、水沫子，但要慎重对待。

3. 察看雾、蟒、松花

这些特征是石皮的局部变化，它们能反映赌石内部的质量。雾是在皮壳最底部向石体内部过渡的薄层，也是判断翠色的依据之

紫罗兰珠子项链

一。乌金雾为佳，白雾次之，红雾较差。蟒是皮壳上形成条带状，粒度和颜色均与其他皮壳不同的部分，是内部翠绿色分布的征兆，如带蟒、卡三蟒均有好翠。癣是表皮存在的黑灰色"痣"，黑睡痣易见色，而直痣易"吃"色。松花即石皮隐约可见的颜色，有浓有淡。其中谷壳松花，呈糠皮状白色，常产自种好的石上，翠色最佳。绺裂也必须仔细察看，其中大绺、恶绺和夹皮绺是玉料成好性欠佳的征兆。业内有流行语"宁赌色，不赌绺。"

第三节　如何判断翡翠赌石的外观

一、看赌石的皮壳

玉石的外皮称为"皮壳"。除部分水石和劣质玉石没有外皮，其他玉石都有厚薄不等、颜色各异的皮壳。看皮壳是判断玉石场口的主要依据。不同皮壳的不同表现决定了其内部不同的质地。皮壳颜色有的随土壤颜色深、浅、浓、淡而变化，但也有杂色而居的情况，这就给识辨具体场口带来很大难度。下面介绍常见的16种主要皮壳特征和场口，供玉友们参考。

1. 黄盐砂皮

此种山石产量丰富，大小不等。黄色表皮翻出黄色砂粒，是黄砂皮中上等货的表现。黄盐砂皮几乎出现在所有场口，因此很难根据它来断定具体场口。但好的黄盐砂皮其表层的砂粒仿佛立起来，摸上去很像荔枝壳，此类石头种好。黄盐砂皮上的砂粒大小并不重要，重要的是匀称，不要忽大忽小，否则其种就会差。如果皮壳紧而光滑，大多种也会差。新场区的黄盐砂皮没有雾，种嫩。

2. 白盐砂皮

白盐砂皮为山石，大小均有，是白砂皮种的上等货。主要产于老场区的马那，小场区的莫格叠。应引起注意的是有的白盐砂皮有两层皮，表面是黄色，刷后呈白色，但不影响其种质。

新场区也有少量白盐砂皮，但有皮无雾，种嫩。

3. 黑乌砂皮

黑乌砂皮为山石,表皮乌黑,产量丰富。主要产于老场区、后江场区、小场区的第三层,大多为小件头。其中后江和莫罕场口的黑乌砂略微发灰,也称"灰乌砂"。老帕敢的乌砂如煤炭,表皮覆有一层蜡壳,俗称"黑蜡壳"。莫罕、后江、南奇也有黑蜡壳。老帕敢和南奇的黑乌砂容易解涨,是抢手货。但必须善于找色,因蜡壳盖着砂不易辨认,需仔细寻找。民间有一条宝贵的经验,蜡壳粘在没有砂皮的皮壳上,会显得很硬,不容易掉,有砂的地方蜡壳容易掉。还有少数放到水里一泡,就容易掉壳,这多是后江石。

4. 水翻砂皮

水翻砂皮为山石,表皮有水锈色,一片片或一股股,少数呈黄色或黄灰色,大多数场区均有。老场区马勐(床母)湾场口的黄少皮也带点水锈,很相似。要特别注意其砂是否翻得匀称。回卡(灰卡、惠卡)的水翻砂皮子很薄,可以借助光亮透过皮子照色。

5. 杨梅砂皮

此石为山石,大小不等。其表面的砂粒像熟透的杨梅,暗红色。有的带槟榔水(红白或红黄相间)。主要场口有老场区的香公、琼瓢,大马坎场区的莫格叠,马那也有少量出产。

6. 黄梨皮

此石为山石,其皮黄如黄梨皮,微微透明,含色率高,多为上等玉石料。

翡翠手镯

18k金翡翠水滴吊坠

7. 半山半水石

此石为半山半水石，黄白色，皮薄，透明或不透明。大马坎最多，老场区也有。

8. 腊肉皮

此石为水石，皮红如腊肉，光滑而透明。产于乌鲁江沿岸的场口。

9. 老象皮

老象皮石为山石，灰白色。表皮像粗糙多皱的大象皮，看似无砂，但摸起来糙手。玉光底儿好，还多有玻璃底儿。主要产自老帕敢场区。

10. 石灰皮

此石为山石，其表皮似有一层石灰，用铁刷可刷掉石灰层，露出白砂。石灰皮石种好，主要产自老场区。

11. 铁锈皮

此石为山石，其表皮有铁锈色，一片片或一股股。主要产自老场区的东郭场区。但是注意，大多底灰，如果是高色，就能胜过底。

12. 得乃卡皮

此山石皮厚，如同得乃卡树皮，故得名。含色率高，容易赌涨。主要产地为大马坎场区的莫格叠。

13. 脱砂皮

此山石为黄色，表皮容易掉砂粒，有的慢慢变白，有的仍是黄色或红黄色，种好。主要产地为东郭和老场区。

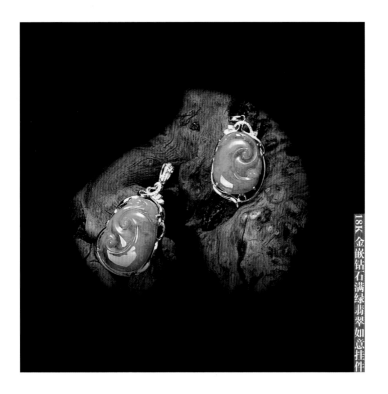

18K 金嵌钻石满绿翡翠如意挂件

14. 田鸡皮

此山石表皮如同田鸡皮，故得名。皮薄，光滑，多透明。无砂，有蜡壳，易掉。种好，产量丰富，主要产于后江场区。

15. 洋芋皮

此石为半山半水石，皮薄，透明度高，底子好。多产于老场区的那莫邦老场区。

16. 铁砂皮

此石为山石，底好，外形似鸡砂皮，但看上去分外坚硬，数量不多，主要产于老场区。

上述 16 种皮壳的表现都比较常见，且是已为人们所确认的比较好的玉石皮壳的表现。但石头的表现极其复杂，很难看到两块一模一样的玉石。所以要掌握和运用这些知识需要细心观察、反复熟悉。同时，玉石中尚有大量表现不规则的皮壳，俗称"杂皮壳"。对这类皮壳同样要慎重。因为这些皮壳除个别较好外，多数质量较差。

此外，还有几种劣质玉石很容易同上述玉石混淆，曾令不少商人倾家荡产，在此也做扼要介绍，以便区分。

1. 不倒翁

产于缅、中、印边境的喜马拉雅山下。特别是水色好，看似纯净，没有杂质的玉石。有的出黄砂皮，有的外表很像大马坎、莫格叠的石头。此种玉石的硬度仅有 5.5 左右，不属于翡翠，但很多人辨认不清，造成巨大损失。鉴别的方法是：滤色镜下呈浅红色。熟练者一眼便可看出种类，有皮没有雾。

2. 绿壳

绿壳意为生长在土层表面的石头。整个石头全是绿色，颜色也好，但水分太干，没有底，不能取料。买者往往因看中其绿而上当。有秧有皮，皮外就能见绿，硬度也够，但比重差。数量不多，散布较广，老场新场都有。

3. 末姜

类似黑乌砂，20 世纪 80 年代初期，台湾曾有不少人将其当黑乌砂买进，造成重大损失。其松花表现很好，各种形状都有，色味高。辨认特点是有皮肉部分，不论怎么看，怎么切，都是没有底。鉴别要点是没有蜡壳，黑乌砂有蜡壳。石头表面不翻砂。按其表现擦其色却总觉得其色还在里头，找不到根。

4. 水沫子

产地不明。硬度不够，特征是水好，但肉里有气泡，形状不一，大小不等，秧比较多，但细小如粉。有皮，硬度不够，用钉子划得动。

5. 拔龙

外表如水石，表皮以黄色为多。主要产地为老场区的江边。有色，有皮，有秧，但内部有气泡。其他情况同水墨子相似。

二、看赌石的松花

松花是绿色在皮壳上的表现，是玉石内部的色在表皮上的具体反映，是赌石赌色的最重要依据之一。无论砂皮壳或水皮壳，原石总会有一些青花彩迹出现，这些青花彩迹是翡翠内部的直接反映。松花指的就是起反应作用的绿色堆积物。预测或赌石的主要目的是为探究块体内部有无绿色，所以必须要对松花进行分析和判断。

各场口所出的块体，松花表现都不相同。它们的形状、厚薄、深浅、多少，均具有不同的性质，有浓有淡，有疏有密，形状各异。因此也就有了各种各样的松花表现。人们根据松花的各种生象，冠以不同的名称，以便识别和研究。皮壳上有了松花，要看它是否进入内部，如果不进，松花的意义也就不大。尽管松花经过了风化过程，但仍然有原生与次生之分。原生是由里到外，次生是由外到里。看松花的要点，就是要分清原生与次生的差别，分析松花首先要认定是否是真的松花。常见一些皮壳的表面，因氧化及风化作用，带有一层绿色的薄膜，因光的作用使其近似松花或是颜带的假象。很多人因此误断了松花的真假，吃了不少亏。其次是分清松花的正偏颜色，切莫因透光的作用而做出错误的判断，以致赌成了偏色。翡翠的块体上有的没有松花，而变种石上的松花却很诱人，切莫以为变种不变色而下赌。松花在凸出的部位，说明结构严谨，若在凹处就会结构疏松，抗风化能力弱。还有的玉石乍看外表无色，但切开又是满色，这多半是由于长途运输和人为的摩擦、切割等外力作用引起的，使得松花难以辨认。

嫩种石（新老种）上的松花，因种嫩色也会嫩，可赌性不强，不能与老种石同时并赌。赌石上的松花要透明，要明朗，要突凸，要活放；不能死板，不能暗，不能平，不能花，不能杂乱，不能与癣相连，也不能太鲜太绿。若是过鲜过绿，将是一种不能赌的爆松花。赌松花还要配合砂发，配合场口。砂发不好，松花也不好。底与颜色也将不会有较好的结合。若场口不正，成功的希望也不大。

就松花的生象或名称而言，至少有 20 种以上，如带子松花、荞面松花、卡子松花、膏药松花、柏枝松花、蚂蚁松花、白皮松花、点点松花、丝丝松花、条带松花、包头松花、霉松花、毛针松花、紫色松花、芝麻松花、夹癣松花、爆松花等。下面来对这些松花

红翡包金弥勒佛

做一个简述：

1. 带子松花

这种松花有宽有窄，像带子一样缠绕或分布在皮壳上，其形状忽粗忽细，没有断头，一气呵成。由此可预见块体内部必有一个满绿层的平面，是松花中最可靠的一种表现。有的带子若有断头或跳跃或发展，忽断忽续，称为"跳带松花"，内部就不能形成满绿层。

2. 荞面松花

似在皮壳上撒了一层厚薄不等的荞麦面粉，淡黄绿色覆盖

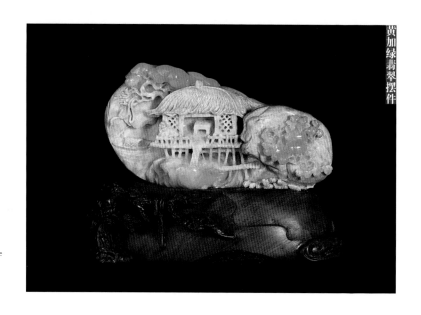

或包裹着皮壳的一部分或绝大部分。乍看黄绿，一旦着水就呈现出淡绿色。有的还会有一点点、一潭潭较硬的绿的表现。如果在蟒带上就更好。这种松花可能表现内部是一团绿色。松花的黄绿色要浓艳，要有明快而阳气的感觉。看荞面松花最好将其置于水中，看它透水后色感的浓淡和偏正，以从表面决定其内部色的浓淡。

3. 卡子松花

这种松花像个没有第三边的三角卡子，卡在石头皮壳上，两条边线若能平行延伸，内部的绿色至少是半个平面。其表现和开价如同带子松花。

4. 膏药松花

这种松花不论圆形或是什么形状，似是一个膏药贴在玉石的一面皮壳上，十分明显，并且包裹或深及玉石的三分之一。这是一种赌涨成分很高的石头，主要需注意看其渗透玉石的深浅。有的膏药松花只在表层者居多，仅仅是表皮上沾一点；有的膏药被擦去后，绿色集中于一块，这种松花一般座色不深。如果是后江石，进一寸即有一寸绿色，如果是其他场口石则需小心。

5. 柏枝松花

这是很难辨认的松花之一。柏枝松花与白皮松花比较相似，都是白色的。一个像柏树枝，一个像谷壳子，在皮壳上不易察觉，反复辨认也难确定。这种松花若是有色，色级都很高。但一般很难座色，是属于可赌性不强的松花。特别是若生在不好的种上万不能赌，因为绿色可能很难渗透进去。

6. 条带松花

这种松花在皮壳上没有习惯部位，随处可生。其形不弯不直，大条附带小条。条带松花要求要厚，要宽，要长，座色率就高。若生在砂壳的凹处，有色的可能性大；生在水石的凸出部位，有色率比较高。反之，虽有松花，也座色不深。

7. 丝丝松花

绿条形状细如发丝，多在皮壳的局部出现。有的像蛛网，虽细却很绿。丝丝松花在嫩种石上，色弹不起，表里一致，不能形成块状或片状。由于色死，所以只能做花牌料。但若生在老种的底上却反弹性好，几丝就可使一个界面全绿，常见映成大块或大片状，色根极为分明。因此生在好种上极具赌性。

8. 点点松花

这种松花在石头表皮呈点点状，它星星点点地分布在皮壳上。此种松花在石头内部皆不起色，很不容易连成一片，可赌性不强，表如其里。解开石头后，大多同皮壳上的点点一致，有的绿色会逐渐变淡，不再连成片。此类石头只能是花牌料。

9. 霉松花

各种形状都有，是偏色松花，主要特征是松花不鲜艳，绿色泛蓝，有发白的感觉，所以称之为"霉松花"。有这类松花的石头不可赌，成功的希望很小，大多赌了就垮，只有5%的赌涨的可能性，而且即便涨了也是偏色。

10. 毛针松花

这是一种很难辨认的松花，其形多似松尖，生象不明显。颜色浅淡，有的偏黄，有的淡绿，有的直接是白色。但也容易产生满绿、高绿。若能认定便大有可赌性，赌涨的希望较大。

11. 夹癣松花

这类松花便是人们常说的癣夹绿，一般是不可赌的，涨的可能性很小。但癣下常常有高色，这就要看石头的场口、癣的生性、松花与癣的亲和关系。否则还是癣吃绿，一赌就输。

12. 爆松花

爆松花是一种典型的次生松花，多出现在场口不正的块体上，颜色极其鲜绿，十分诱人，欺骗性极大。爆松花只能生在表层，水干、质软、堆积较厚，没有可赌性。

13．包头松花

如带子一样缠绕在玉石的某一个角上或是某一方，如带绕头。包头的大小决定了绿的大小，包头缠绕的部分即绿色的部分。开价时应注意只能赌缠绕部分，其余部分不宜包括在开价之内。

14．癫点松花

指松花上有不少黑点，影响美观和价值。其疏密程度决定取料和价值。

15．一笔松花

形状如同毛笔画出来的一道，有长有短，有粗有细。长者、粗者为好，开窗多是找这种地方开。石料上有一至二笔松花即可下赌。

16．蚯蚓松花

形状如同一条蚯蚓，弯弯曲曲，极不规律。

17．谷壳松花

这是一种比较难辨认的松花，松花形状酷似稻米白色的糠皮。此种松花一定要生在好种的玉石上，翻砂比较好，只要有几处，其色肯定好。

18．蚂蚁松花

松花如同一堆蚂蚁在石头上，这类石头一般只能作雕件料。

19．椿色松花

此种松花比较少见，色如紫罗兰。如椿夹绿，两个色都

葫芦链牌

会渗透，只能做雕件。要特别注意的是有的椿色会死。如果是点点白蜡椿（有的微微泛点红），玉石内部几乎肯定不进绿，不论其外表绿色多好，赌时都要十分谨慎。有的会错看成白底。

20．假松花

指的是人为的假松花。有些人把真的绿色翡翠敲碎，分撒在块体上，进行补砂掩盖，充作点点松花、条带松花、膏药松花等。用 10 倍放大镜便可看出镶贴的痕迹，或者用小刀也能把假松花撬起来。

综上所述，用松花石来判断玉石内部色是最为重要的依据。然而，大多数中国内地商人接触到的玉石都经过长途运输，还有人为的磨、擦、切等机械处理，在判断时就必须将上述因素都考虑在内。必要时可利用放大镜等辅助工具，进行反复细致的观察。在采取这些手段后，仍有不少赌石成功的例证。因为好的松花是从表至里产生，是无法磨掉的。但要切记，有的松花特别鲜艳，面积很大，这就有可能是"爆松花"，即绿色全跑在外表皮，里面无色，或水头短、干、偏色。

第五章 | 选翡翠

第一节　翡翠的鉴定与特征

一、光泽

光泽是指宝石表面反射光的能力及其特征。宝石的光泽强弱取决于折射率和吸收系数，折射率和吸收系数越大，光泽越强。玉石类光泽与其集合体组成矿物的品种、结构及紧密程度密切相关，成品宝玉石所呈现的光泽还与加工中的抛光程度有关。

对光泽的观察在鉴定中具有重要的意义。其中包括观察光泽的强弱及特征。翡翠的光泽主要还是玻璃光泽至油脂光泽，抛光良好的成品表面呈现出比较明亮的玻璃光泽，然而不同类型的翡翠光泽是有差异的。如玻璃种翡翠拥有极明亮的光泽，油青种翡翠光泽带有油脂感，玛瑙种翡翠光泽滋润柔和，而经过酸洗充填的处理翡翠通常光泽较弱且带有塑胶或蜡质的混合光感。

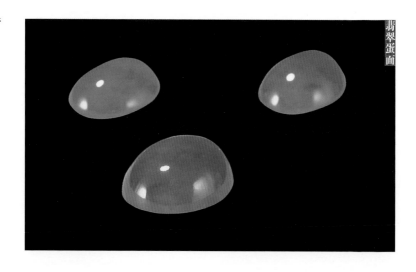

翡翠蛋面

二、颜色

颜色的鉴定意义体现在对色彩、色调、明暗度、均匀程度、色形及色与底子间组合地观察。翡翠具有特殊的颜色色调、形态和组合特征，翡翠的颜色极其丰富，变化万千。常见的玉石品种中唯有翡翠有如此多的颜色种类及多变的组合形态。由铬离子呈现的翠绿色在其他玉石中不会出现。而作为次生色的红色、黄色翡翠也因其特有的色、形、调与其他相似玉石相区别。

三、结构

翡翠具有特殊的结构，把结构放大观察是鉴别翡翠的最重要环节。翡翠是晶质集合体，其中主要组成矿物硬玉，绿辉石属单斜晶系。晶体通常呈柱状、纤维状或粒状。

观察中可以发现，翡翠组成矿物几乎全呈柱状或略具拉长的柱粒状，近定向排列或交织排列。这种特征的翡翠交织结构使其具有较高的韧性和硬度。

翡翠常见的结构为纤维交织至粒状纤维交织结构。此外，还可能出现斑状变晶结构、塑性变形结构、碎裂结构、交代结构等。抛光之后的成品在透射光下可见特别的纹路，即组成矿物的晶体相互结合的边界呈镶嵌状。

四、硬度

硬度是指宝石材料抵抗外来压力、刻画、研磨等机械作用的能力。硬度本质上是由晶体结构、化学键、化学成分等决定。实际晶体的硬度常与外界形成条件有关，如内部的结构缺陷、机械混入物、风化、裂隙、杂质成分等。

翡翠带黄翡冰种手镯

圆条翡翠镯

另外，集合体矿物的集合方式以及类质同象替代都会影响矿物材料的硬度。由于宝石矿物的硬度基本不变，故可为鉴定提供依据。有些矿物晶体的硬度具方向性差异，这种差异硬度导致抛光后的成品翡翠表面常出现凹凸不平的现象，反光下可见"水波纹"。

在加工过程中，抛光材料的选择也将影响成品表面所表现此种现象的程度，如果使用磨料的硬度明显高于其中最硬的矿物，凹凸现象则不明显。翡翠在玉石类中具有 6.5~7 的最高硬度，故称"硬玉"。通常对于硬度的测试是采用破坏性地刻画、压入、针刺等方法，需谨慎酌情处理，尽量避免使用。

五、断口

宝石材料在受外力作用影响下随机产生的不规则、无方向性的破裂面称为断口。任何晶体、非晶体、单晶或集合体矿物都可能产生断口，不同宝石矿物的断口常会具有不同的固定形态，这是鉴定过程中的辅助特征。玉石类集合体矿物多具不平坦状断口，其中翡翠具有粒状或柱粒状断口；软玉、蛇纹石玉呈微纤维状断口；石英岩、大理岩、独山玉呈现为或粗或细的粒状断口；隐晶质、石英质玉（如玛瑙、玉髓）和玻璃仿玉制品（如料器和脱玻化玻璃）会产生典型的贝壳状断口。

六、相对密度

相对密度是指宝石的质量与在4°C时同体积水的质量的比值，属无量纲。相对密度是宝玉石的重要物理参数之一，在鉴定上具有重要的意义。但是同种宝玉石由于化学成分变化、类质同象替代、杂质包体机械混入、裂隙的存在等，均会对相对密度产生影响。

但其大致的范围是固定的。对相对密度的掂量估计和实验室条件下的精确测量可以帮助我们鉴定宝石。翡翠的相对密度为3.3~3.5，常见为3.34，高于大多数宝石，手掂有沉重感，即常说的"打手"或"压手"。染色石英岩，独山玉等相似玉石密度较低，明显轻于翡翠，手感发飘。

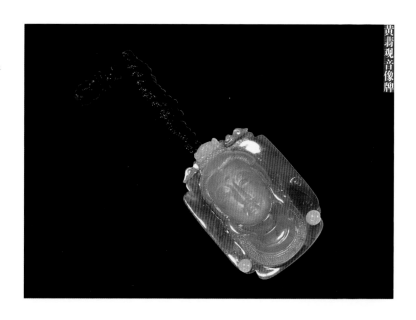

黄翡观音像牌

天然翡翠 18K 钻石蝎子戒

天然翡翠钻石 18K 金项链

天然翡翠 18K 金小佛吊坠

天然翡翠手镯

第二节　什么是人工处理翡翠

一、焗色法

通过加热处理的方法来改变宝石原来的颜色，称之为焗色法。

不同的宝石经过加热而产生颜色变化的原因是有所不同的，因此具体采用的加热方式、所需达到的温度条件也是不一样的。对于翡翠而言，加热处理的目的主要是为了获得红色的翡翠。中国人素来认为红色寓意吉祥，故对红色翡翠也十分喜爱。但是自然界出产的红色翡翠不多，尤其是纯红色者更为稀少，多数都混杂有棕色和褐色，因此工匠们往往用加热处理的方法（行话为焗色），借以获得较好的红色。

实际上，天然的红翡翠和焗色的红色翡翠是很难区别的。一般来说，天然的红翡翠比较透明，而焗色的红翡翠透明度稍差些。但是焗色方法对翡翠无破坏作用，只要无外来物质加入，价值都差不多。

二、染色法

染色法，又称炝色法，这是最常见的翡翠做假色的方法。无论是翡翠原料还是已雕琢好的成品（如戒面、戒指、吊坠、花牌等），都可以用染色的放大来做假色。

我们已经知道翡翠和玛瑙等宝石一样，都是多晶的宝石，也就是由许多极微小的细粒晶体组成。细粒晶体与细粒晶体之间存在着细微的缝隙，因此人们利用一种化学处理方法，把宝石浸泡在染色剂中，使有色溶剂慢慢地渗入到这些细微的缝隙中，从而使宝石看起来带有某种颜色，这就是染色。翡翠最多的是被人染成绿色，还有些是被染成紫色，染色即人工加色，这种假的颜色在一定条件下会褪色，有商业欺骗性。

染色而成的绿色与天然的绿色究竟如何区别呢？有经验的人不难察觉，只要在电筒的透视下，用放大镜便可见人工染色和天然的染色是不同的，染色者颜色很浮，主要分布在裂线中。有人认为，用铬盐染成绿色的翡翠，在查尔斯滤色镜下会变成粉红色或棕红色，而天然的绿色翡翠，则变为灰绿色或不变色。

查尔斯滤色镜是一种只允许红光和橙色光通过的胶片，当染色翡翠所用的染料是浓度很高的含铬溶液时，在查尔斯滤色镜下会呈现红色。但是当染色剂不用铬盐时，所染的颜色在查尔斯滤色镜下不呈现红色。所以，用查尔斯滤色镜去观察绿色翡翠时要仔细分析，它有参考作用而不能作结论性判断。

有的翡翠被染成紫色，紫色的染色剂一般多用含锰的有机物染色，在查尔斯滤色镜下是没有反应的。所以主要还是应该小心观察颜色与晶体微粒之间的关系来作出判断。如果有条件的话，还可以借助于紫外线光灯来鉴别，天然紫色的翡翠在紫外线光灯下一般没有荧光反应（即使有一些反应也是比较微弱的）。但染成紫色的翡翠在紫外光灯下都有橙红色荧光反应。

三、薄膜镀色

顾名思义，薄膜镀色就是在翡翠表面镀上一层薄膜，使它带有颜色，以达到提高售价的目的。一般都是选择透明度较好的白色翡翠戒面，用涂抹或喷雾的方法将特种的绿色胶（常用的是英国产的 808 翠绿胶）涂上极薄的一层，干燥之后看起来就成了"高档的水头足，颜色好的"翡翠戒面。由于所涂的胶膜将翡翠戒面全部包裹起来，故人们称之为"穿衣服"的翡翠。这一种做假颜色的方法使不少人上当受骗。

鉴别这种"穿衣服"的翡翠并不太困难，主要方法有：

1. 用手摸戒面，镀膜者犹如手摸塑料，会感到有些拖手，而天然品摸起来会非常滑溜。

2. 用放大镜仔细观察，镀膜者的表面可看到有无数极细的擦伤纹，这种擦伤纹任何方向都有（因为所镀胶膜的硬度像塑料一样低，故极易被擦伤）。而天然翡翠表面较为光洁，没有上述那样的极细而又密集的擦伤纹。有的镀膜欠佳或经过较长的时间后，所涂的薄膜可能有微小的破洞，看上去就像衣服破了能看见皮肤一样，这就很容易识别它是镀膜的假货了。

还可以用下列损害性的方法来鉴别：

1. 由于所涂薄膜层能溶解于酒精或二甲苯中，故用浸了酒精或二甲苯的棉球擦拭翡翠戒面，镀膜翡翠就会使棉球染上绿色。若将镀膜翡翠浸泡于上述液体中，薄膜层便会溶解成为绿色的絮状物，翡翠戒面也就露出了白色的原形。

2. 用小刀或钢针来回刮划翡翠戒面，若是天然品则毫无妨碍；若是镀膜翡翠，薄膜层就会被刮破，甚至可以刮下绿色的小薄片。

3. 用小火（打火机或火柴）或香烟头烧烫翡翠戒面，如为镀膜者，薄膜层一经烧烫就损坏，而天然翡翠则保持原样。

四、与树脂的夹层石

上面一层是非常薄的翡翠，下面用很厚的树脂垫底，看上去色鲜、透明度好，树脂比例占大部分，有做假成分。到目前为止，经过前述各种方法处理过的翡翠，统称为人工处理的翡翠。其中，B 货翡翠目前常见于翡翠市场，关于此问题，将在下一节专门讨论。

五、漂色、入树脂处理

用强酸（主要是盐酸）浸泡翡翠十天至十几天，目的是将翡翠原料中的污迹、黄气、水渍等次生物质漂移，这样可增加翡翠的鲜亮度，如果翡翠的质地粗、透明度差，浸强酸的结果会使翡翠的结构松散，所以必须入环氧树脂胶，而且可以增加翡翠的透明度来提高翡翠的卖相。B 货翡翠的特点是颜色比原来的翡翠鲜，底比原来干净，水头也比原来足。但是含有树脂，结构受损坏、耐久性降低，几年后便会出现许多细裂纹。

六、浸酸、涂色

无色或淡色翡翠浸酸至结构疏松，洗净烘干后可局部涂上或画上各种颜色，再入环氧树脂胶，将其胶结，但颜色太过鲜艳，十分不自然，其价值比 B 货翡翠更低。

双色金嵌苹果绿色福贝

苹果绿手镯

老坑绿翡翠嵌钻石项链

第三节　市场上所谓的"老坑"和"新坑"

在珠宝店选购翡翠首饰说到这块玉年份较老、色高、水分时，常常会听到一些行家介绍那块玉不够年份、较嫩、色淡、较干。在他们看来翡翠是越老越好，谈到翡翠的年份时，首先要清楚这时间新老的概念，新老是指翡翠在地底下形成的先后即地质学家所指的年代，还是指人们发现翡翠的先后，还是人们买了成品保存的年份远近。

一、什么是老坑翡翠

老坑和新坑实际上是按人们发现、开采翡翠的先后年份来分的，按地质学观点来看，它们在地下形成的地质时代是相同的。河流沉积的次生矿床是第四纪时期河流搬运至河床沉积而成，可以说时间上是更晚形成的矿床。

有些行家在长期的实践中发现，"老坑"中的翡翠质量较好、水头也较足，这是事实，特别是老坑玻璃种翡翠，价格尤其高。老坑玻璃种翡翠手镯价格更是比新坑高出几倍甚至几十倍。这是由于长期在河流里浸泡，水分进入结晶体中形成的吗？其实这不是的，在河流沉积矿床发现的翡翠质量较好，是色高、质细、透明度好，对于这个情况，可以从地质学上得到合理的解释。

二、什么是"新坑"翡翠

所谓"新坑",是指那些翡翠矿脉形成时间稍微较晚、远离上述的那条矿脉的坑口。由于年纪较轻,露天形成时间也不够,所以大多质地粗松,水头短少,也有人将山料翡翠矿石也归纳进来,但其实大多数"新坑"翡翠矿石是从几十米深的坑井里掏出来的。最有代表性的当属被行内人士称作"83坑"的翡翠矿脉。因其被发现得较晚(1983年),加之产量颇巨,目前用来做翡翠饰品的原料主要来自那个矿区。但真正老坑矿床由于几代人的开挖,已经资源殆尽了。

三、谨防商家用"老坑"忽悠

看一下老的民间收藏的翡翠,真正种好的不多,而那时的翡翠都是老场、"老坑"的,所以虽然有的老场、老坑总体产出质量较好,但含糊地把老场、"老坑"当成质地好的代名词则是谬误。老场、新场的提法只是发现场区的时间先后而已,并不是成矿的先后,与质地的关系并非绝对。老坑只是开采坑口时间的先后,也是一样的道理,特别是同一场区新的坑比老的坑总体产出质量好一点儿,这一点儿都不奇怪。而且在同一场口的同一坑口,也分很多层,层与层之间的质地好坏也可能差异很大,这个更是老场、"老坑"论无法自圆其说的。

所以过度地贬新场抬老场是不对的,压"新坑"捧"老坑"更没有什么道理。翡翠质地的好坏主要在于种是否够老(地质成

矿熟不熟），老场也出种嫩的，"老坑"也有总体产出质地差的；新场也有很多种老的，"新坑"也有总体产出质地好的。场和坑不过是赌石时作为成功概率和特征属性的参考，而在经营成品时做一个附属的背景而已。

第四节　选购、收藏翡翠的注意事项

一、购买翡翠应具备的常识

1. 不要轻信有些玉商的花言巧语。有些玉商往往摆出一副内行的架势，比如对翡翠成因、产地、性质、个别染色皮的判别等侃侃而谈。由于一些玉器知识、指标目前国际上尚无成熟标准，他们敢在顾客面前说教，首先能占领心理优势，然后以"不挣钱"为诱饵，从而实现其获取高额利润的目的。顾客要有自信心，不要被玉商唬住。

2. 不要购买没有经过鉴定的翡翠。各地质检部门强制标准明文规定，所有作为商品销售的翡翠饰品，均需配有法定鉴定机构出具的鉴定证书或小牌等检测标志。在检测机构受理的被骗案例中，90%以上都没有相应的鉴定材料。因此购买翡翠时，要看一看该翡翠是否经过法定检测机构鉴定，是否出具了相应的鉴定证书或小牌，不要轻易相信，以免上当受骗。或者可在购买翡翠之前与玉店老板协商，征得同意后，先将翡翠饰品送到法定检测机构鉴定，然后再做交易。购买翡翠时，如果对翡翠饰品鉴定证书有不清楚之处，可拨打证书下方电话咨询，以确定真伪。但一些地方的个别检测机构不负责任，玉商出钱就出证书。所以除了要有鉴定证书外，还要到正规商家处买货，以加大保险系数。

3. 购买翡翠时向老板索要正规发票。如无发票，可索要售玉人收款的收据，注意请其加盖印章或老板签名。如有争议，可以作为"讨回公道"的有利证据。

4. 要买的翡翠一定要看仔细，看不清楚可拿到店门外的阳光下反复看，或用 10 倍放大镜仔细看。玉器的一些问题常会被商人用各种方法加以掩饰。这些问题（如残缺、修复、黏合、绺裂等）在店内的白炽灯、日光灯下不一定能看得清楚。若粗心大意，交了钱后才发现问题就会出现麻烦，甚至吃大亏，那就后悔莫及。

5. 尽量避免在旅游景点或流动摊点上购买翡翠。因为在旅游景点或流动摊点上购买玉器，一是容易买假货，并且不易挽回损失；二是要花不少冤枉钱。

二、购买翡翠应具备的技巧

一般的玉器交易，既无明码标价，又无统一价格。多数玉商对内行人客气，对外行人则漫天要价。不少购买者常花冤枉钱，或掏大钱买假货。因此，从事玉器交易必须要掌握一些基本技巧。

当看中某件翡翠时不要急于买下，要沉得住气。可以随意先问其他翡翠的价位，使卖家误认为你对要买的货不感兴趣。然后突然顺口问相中货的价位，使玉商猝不及防，仓促间报出较实的价位。顾客就能以实价买到理想的玉件。

看到好的翡翠要稳住情绪，不动声色。喜欢的一定不能当面说喜欢，应当反复查看玉器，尽量装作找毛病（不足），把它贬低一通，否则价钱难以压下去。

学会讨价还价，设法把价钱压到最低。玉器店、旅游区、地摊上的报价都有较大甚至很大的水分，若还价高了就很被动。有人戏称"对半带拐弯"还价，即卖家报1000元，还到400~500元成交，即为比较理想的价格。但有些地方的玉商喊价可以高出成交价五倍、十倍甚至更高。所以还价必须事先了解行情，讲究技巧，不能机械套用。

不要不懂装懂，乱吹一气，也不要盲目问些外行的话。商家一听就知道你是外行，很容易把买玉人当做"菜牛"宰客。有时真不懂，反而不说或少说更好。要入翡翠这一行，应勤学好问，多看少买，了解掌握一些翡翠的基本常识。这样在寻玉、鉴玉的过程中，不知不觉中便流露出自己并非很外行，商家便不敢胡乱吹嘘、漫天要价了。

三、购买翡翠应注意的事项

不要参照书本或文物店的玉器图形与自己在市场上见到的玉器对号入座，难免错将仿品当真品。

不要买东西认贱不认贵。不知在玉器收藏中精品最具收藏价值和升值潜力，以致买回一大堆玉器垃圾而浑然不知。

不要稍通一点儿玉器知识就自以为是，趾高气扬地到玉器地摊、市场捡漏子。狡猾的玉商最欢迎这种人，常常顺其口风溜须拍马，使收藏者掏了高价买了假货或劣品。

不要盲目相信玉品上的款识和铭文，而不知在玉器、古玩、字画上落假款乃是作伪者常用的伎俩。常见到有人在亲朋好友面前炫耀某大师的作品。殊不知即使一个玉石雕刻大师一年四季不休息，又能亲自做出几件精品呢？这些玉器多为大师的徒弟或徒孙们的手艺，甚至有的玉器根本就是高仿冒充大师的作品。

不要片面理解拍卖图录，而不知道图录上的标价有伸缩性，玉器美观程度与实物也有差异，图录上的玉器多经过摄影师或后期制作美润，使其更加漂亮。若按图索骥到市场上找玉器，对照标价掏钱买玉器，其结果可想而知。

不要错以为农民家藏的旧玉都绝对可靠，提防有些以贩假为生的人，拿有瑕疵的翡翠玉料染色作皮冒充原石 A 货，甚至冒充明、清、民国的旧玉来出售。

以上这些，可以给收藏、投资翡翠者提供借鉴，吸取他人的教训，可以少走或不走弯路。

附录：翡翠精品赏析

鹤鹭同春

此件翡翠作品个体较大，绿白辉映，色彩柔和，质地细腻，绿为平和的湖绿色，块面较大，雕工精湛，实属精品。

翡翠链牌

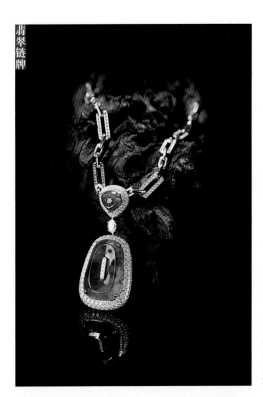

翡翠链牌——18K 金镶嵌翡翠方牌，颜色老辣，种水俱佳，周围配以钻石，精致灵巧，奢华闪亮。

翡翠满绿喜上眉梢香囊

此器选材精致，翠色明艳，用料厚实，色泽莹润，水头佳。此器经精工雕琢，施以镂空雕法，作者巧用翠色，精巧至极。此件器物风格别致古朴，材质精美，较为难得。

此件保平蝈蝈翡翠摆件为王朝阳作品，该作品巧用原石，翠色浓艳，雕工精致，堪称精品，是不可错过的极品佳作。

翡翠蛋面戒指，翠色温润细腻，搭配钻石，显得华美动人。

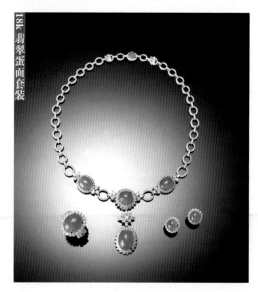

翡翠蛋面套装，由四颗翠色俏丽，种水饱满的蛋面翡翠组成项链；再由一颗硕大的蛋面翡翠花镶成戒指，翠色沁人，水头莹润；最后再由两颗翡翠做成耳钉。整套套装相映成趣，晶莹润泽。为上佳的收藏级别翡翠。

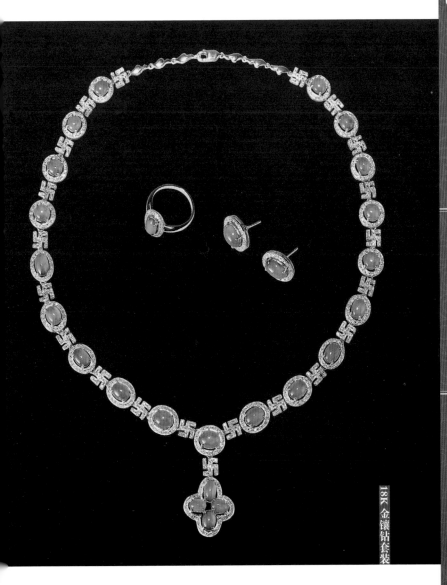

18K 金镶钻套装

18K 金镶钻套装，材质精细，翠色明艳欲滴，水头佳，加以精美镶嵌，十分难得，尽显雍容华贵。

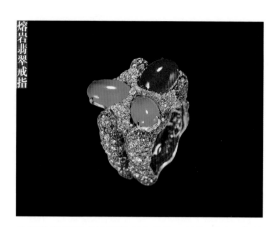

熔岩翡翠戒指

此件熔岩翡翠戒指设计理念独特，风格别致，仿佛
火山劈开大地，融岩爆出洪流，大地回春，造型别致。

翡翠满绿三花胸针

翡翠满绿三花胸针，颜
色浓郁美艳，种质颇佳。

后 记

　　本人受文玩天下网站的邀请，编写《翡翠佑安》这本书。
这是我第一次正式出版图书，写书是一件很困难的事。因为
它要把事实作为根据，以严密的逻辑，写出有说服力的文章。
我总结经验，阅读大量文献资料，再将自身见解编辑整理。
曾经一度想过放弃，但作为一名对翡翠有着多年收藏经验的
爱好者来讲，我又愿意把我对翡翠的了解和个人的浅见拿出
来与大家分享，使收藏爱好者有所收获，能少走弯路。基于
这样一个考虑，我选择坚持编写完《翡翠佑安》这本书。

　　书中描写翡翠矿区分布的内容只是做一个简要介绍，会
让大家有一个大概的了解。可惜编辑此书的时间有限，有些
场口及矿口未能更加透彻地描述，难免疏忽遗漏，还望广大
玩友指正探讨。

　　诚然，此书所涵盖的内容，无论从历史角度还是珠宝收
藏角度均还远远不足，但就普及常识而言，书中所载的内容
会给初步踏入翡翠艺术品收藏的玩家很多帮助，亦完成了编

辑此书的初衷。如果，通过此书能够让更多的朋友了解翡翠、喜爱翡翠更是锦上添花的好事。有关翡翠收藏的知识，随后会有更加深入的内容陆续拾遗补足，尽量将翡翠艺术品收藏描绘清楚。感谢北京文玩天下网站的同事对本书所需材料的整理以及提出的珍贵建议，感谢出版社编辑给予此书结构及部分内容调整的修改建议，感谢刘畅、任宁、马晓鸥在此书编撰过程中提供的帮助，谢谢你们！

牟子尘

2014 年 4 月